勿等荼蘼花开

池田大作写给女性的365日心语

[日]池田大作/著　　卞立强/译

四川人民出版社

图书在版编目（CIP）数据

勿等荼靡花开：池田大作写给女性的 365 日心语 /（日）池田大作著；卞立强译．—成都：四川人民出版社，2017.1
ISBN 978-7-220-09985-4

Ⅰ．①勿… Ⅱ．①池… ②卞… Ⅲ．①女性 – 人生哲学 – 通俗读物 Ⅳ．① B821-49

中国版本图书馆 CIP 数据核字 (2016) 第 276615 号

四川省版权局著作合同登记号：图进字 21-2016-231

WUDENG TUMI HUAKAI
勿等荼蘼花开
池田大作　著　　卞立强　译

责任编辑	谢寒
装帧设计	@_ 叁囍
责任校对	蓝海
责任印制	李剑
出版发行	四川人民出版社（成都槐树街 2 号）
网　　址	http://www.scpph.com
E-mail	scrmcbs@sina.com
新浪微博	@ 四川人民出版社
微信公众号	四川人民出版社
发行部业务电话	（028）86259624　86259453
防盗版举报电话	（028）86259624
印　　刷	四川新财印务有限公司
成品尺寸	130mm × 185mm
印　　张	13
字　　数	150 千
版　　次	2017 年 1 月第 1 版
印　　次	2017 年 1 月第 1 次印刷
书　　号	ISBN 978-7-220-09985-4
定　　价	48.00 元

你啊！

愉快地描绘

真正属于你自己的

美丽而幸福的蓝图吧！

每日每时

要积累幸福的命运，

勇敢地生活下去！

小小的心灵

带着恶意，

漫无目的，

过着漂浮不定的日子，

多么空虚啊！

你啊，

要越过沉浸在悲叹中的时间，

让任何人都不能压抑的

高贵的灵魂，

发出灿烂的光辉吧！

朋友，
我的朋友！
不要停顿，
冲破黑暗，
敞开独自的、广阔的
燃烧着生活意义的世界！

要选择最有价值的
人生的正道。
一定要每时每刻，
一步一步迈出坚实的脚步，
一步也不走错。

在自己小小的家中，

把每日每时

都当作完全革新的日子，

如同伟大的诗人，

创造诚实的人的历史。

勿等荼蘼花开

池田大作写给女性的 365 日心语

◆

一月

JANUARY

001 - 034

1/1

1 JANUARY

我希望和大家一起，

如同不断增辉的皓月，

如同时刻涌涨的海潮，

一天复一天，

一年复一年，

走着无限向上、成长的人生。

2/1

2 JANUARY

人生需要有导师。

唯有人才拥有导师。

正是通过师生之道，

人才会学到作为人的最宝贵的东西。

3/1

3 JANUARY

时代要求社会反映女性所具有的柔美的想象力
和温和、亲切、人情味等品质。

要从一味地追求物质、效率的社会，
回归到心灵相通、富有人情味的社会，
女性的力量是不可缺少的。

4/1

4 JANUARY

恩师户田城圣先生曾说过：

“只要下定决心，

认为今年正是时机，

我们就定能在这一年自己的生活中，

显示出下定决心的证明。”

开始新的挑战，

其本身就是一种胜利的姿态。

5/1

5 JANUARY

一天的生活，

早晨决定胜败。

每天早晨，

精神饱满地跟人打招呼：“早上好！”

这样的姿态很重要。

人生首先在早晨取得胜利，

这是胜利的基础。

6/1

6 JANUARY

和睦相处是人生的花朵，

是最高的美。

7/1

7 JANUARY

有教养和品格的女性，

其聪明才智和温柔亲切中，

闪耀着真正的美。

可以把信任和安心扩散到周围。

8
1

8 JANUARY

恩师户田先生说过：

“女性的幸福不是在青春时代决定的。

青春时代是构筑一生幸福的基础和锻炼自己的时代。”

所以，不能焦急。

9/1

9 JANUARY

母亲自然的笑容和一举一动，

会像明亮的光线从窗户射进黑暗的房间，

会像馥郁的花香笼罩着周围，

渗透进孩子的心中。

10 / 1

10 JANUARY

什么是能把劳苦也变成一种美的生活态度？

那就是爱惜世上独一无二的自己的人生，

每天每日都认真生活，

忠于自己地度过一生。

这样的人没有牢骚和怨言，

任何时候都充满朝气蓬勃的干劲。

干劲也会带来身心健康。

11
/
1

11 JANUARY

我绝不屈服。

所谓幸福，

首先是不屈服。

12
/
1

12 JANUARY

一切决定于心态。

一旦决定“乐观主义地生活”，

逆境和苦难都会像欣赏人生剧似的悠然度过。

生活要敞开心灵的窗户，

仰望希望的蓝天，

心里想：

“明天一定会好起来！”

13/1

13 JANUARY

能把孩子当作一个人格给予尊敬的父母，

应当说是优秀的家庭人。

这样的家庭人，

在社会上一定是优秀的社会人。

14/1

14 JANUARY

在学校里，要作为学生认真地生活。

在家庭里，要作为女儿诚实地生活。

结了婚，就要作为妻子，端庄地出色地生活。

自己在现在所在的场所，在现在的立场上，

一边与周围协调，一边用最大的努力生活。这就是“谦虚”。

相反，不考虑周围的状况，

自己想干什么就干什么，这就是“傲慢”。

傲慢非正义，会使人不幸。

谦虚是正义，会使人幸福。

15／1

15 JANUARY

家庭不是制作出来的，

而是创造出来的，

是应当加以建设的。

16/1

16 JANUARY

每天不管怎么忙，

希望能把冲到嘴边的牢骚怨言变为满脸的笑容，

让心里留有赞扬家人和周围的人的空间。

17/1

17 JANUARY

遵守信约的人，

作为人，

是最了不起的。

完成誓约的人，

看起来好似非常艰苦，

但是却最幸福。

18/1

18 JANUARY

要整装打扮，

讲究清洁。

在这方面，

世界第一流的人物也十分注意。

19/1

19 JANUARY

多么楚楚可怜的野花，

也绝不脆弱。

看起来好似脆弱，

实际上很顽强，

从不向风雨屈服。

同样，

“不论发生什么，也绝不屈服！”

这是我们的口号。

20/1

20 JANUARY

在兄弟几个中，我最体弱多病。

比起哥哥们，我最让母亲担心。

战后我上夜校时，不管回来多么晚，母亲都一定在等我。

给我热碗面条，一句“够你受的啊！”

让我感受到无限的母爱。

21/1

21 JANUARY

我希望拥有做人的坚强主心骨，

同时在谦虚中闪耀着美丽的品格和才智的光辉。

22/1

22 JANUARY

好的朋友会成为你的教科书，

成为吸引你奔向理想的磁石。

23/1

23 JANUARY

呕心沥血，

历尽艰辛，

也要为孩子而活着——

母亲的爱是如此深厚而伟大。

24/1

24 JANUARY

受体面、面子等表面事象束缚的生活态度，永远得不到安心感。

总是为某种东西所左右，会失去主心骨。

于是，会感到“太难了！”“怎么办呀？”

只能站在原地团团转，无法前进，牢骚满腹，忧心忡忡。

不能这样，要通过自己的一念心，

让一切朝着希望的方向、幸福的方向，强有力地前进。

25/1

25 JANUARY

每天都要为追求某种更高、更深、更广的东西而不断地进步。

要为他人、为社会的和平而行动。

这里有无限的上进，

有充实，有安心，也有幸福。

尤其可以朝气蓬勃地生活。

26/1

26 JANUARY

和平运动绝不在遥远的地方。

每个人如何克服只顾自己的自私思想，

如何培养把他人的痛苦当作自己的痛苦

来感受的敏锐的感受性——

我认为在日常不起眼的事情中作这样的努力，

是十分重要的。

27/1

27 JANUARY

懂得感谢和报恩的人，

永远会美好地、爽朗愉快地战胜一切。

28/1

28 JANUARY

要了解大家的心——

他们在为什么苦恼？

在渴望着什么？

要深入细致地激励每一个人，

让大家安心地努力奋斗。

要减轻、卸下他们心中沉重的负担，

让他们愉快高兴起来。

29/1

29 JANUARY

认真具有最强大的力量。

认真对待事物的形象充满了朝气，

是最美的。

30/1

30 JANUARY

“要打破局限！”

——在下这样的决心时，

实际上在打破自己思想的局限上已经迈出了第一步。

在这样的时刻，

甚至可以说，

理想和目标的一半已经达到了。

31

1

31 JANUARY

在养育孩子的过程中，一定会碰到意想不到的困难的事情。

正是在这样的时刻——

母亲，需要你的爱。

母亲，重要的是你的坚强。

母亲，你的不屈不挠，是与孩子人生的胜利紧密相联的。

生活记事贴 · ICON ·

购物	约会	月事	运动	旅行	要事

MON.	TUE.	WED.	THUR.	FRI.	SAT.	SUN.
____	____	____	____	____	____	____
____	____	____	____	____	____	____
____	____	____	____	____	____	____
____	____	____	____	____	____	____
____	____	____	____	____	____	____

※ 月月手账 TIPS：揭下随书附赠的“生活记事贴”不干胶，贴于每一日的日历表格，记录生活点滴。

月 月 物 语

TO MYSELF

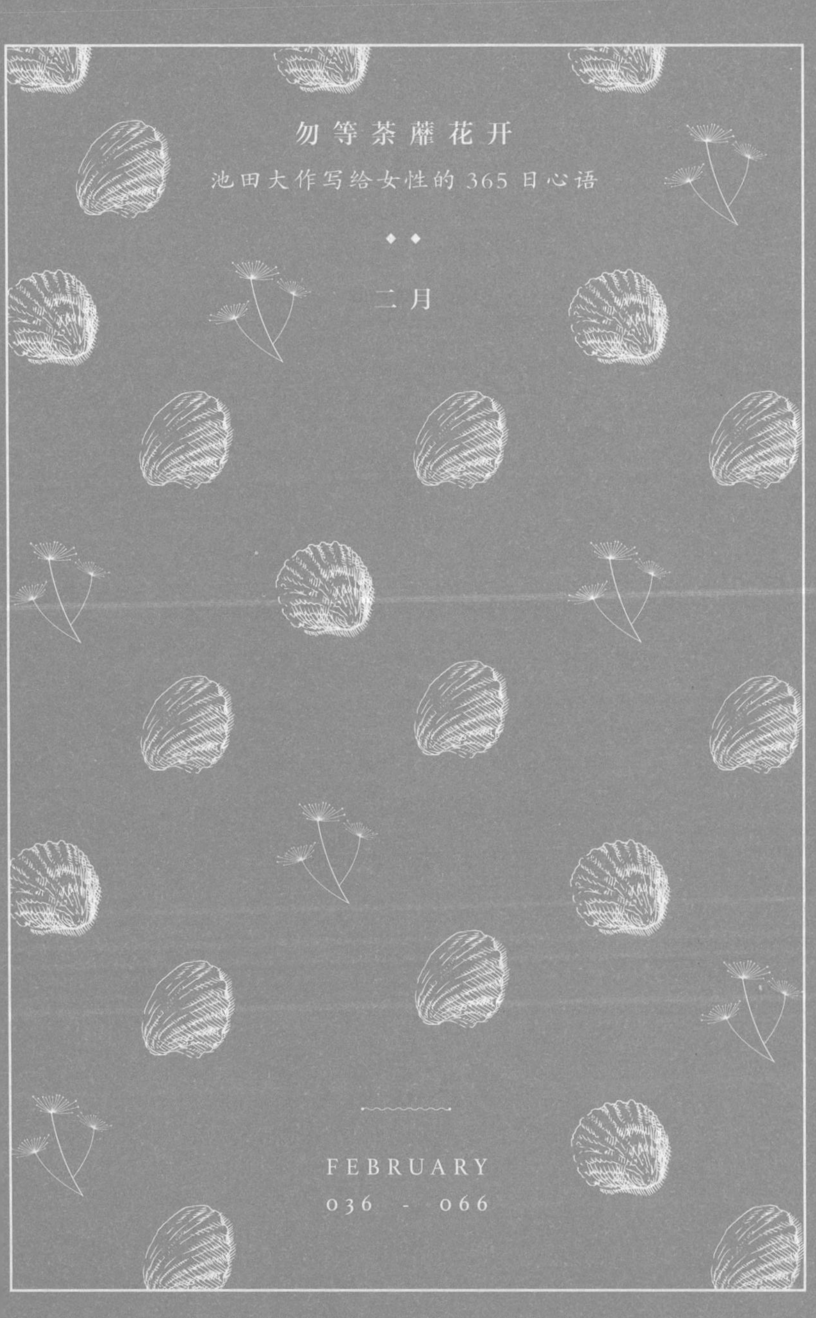

二月

FEBRUARY

036 - 066

1

2

1 FEBRUARY

正是在日常的生活中，有着人生的重要本质和意义。

忽略了这一点，就不可能有真正的幸福与和平。

无论多么不起眼的、不引人注目的工作，

只要能生气勃勃、踏踏实实、日复一日地创造价值，

这样的人生就是幸福的。

2/2

2 FEBRUARY

有的人只看到眼前的事物。

不停地为眼前的事物所干扰，一会儿喜一会儿忧——
这样的生活态度不会有真正的幸福，也不会有真正的成长。

看准一辈子的目标，忍耐地生活，
是获得永远幸福的种子。

3/2

3 FEBRUARY

没有挑战就没有青春。

青春只在旺盛的、挑战的气概中跃动。

4/2

4 FEBRUARY

苦恼的时候，总觉得黑暗会永远持续下去。

其实并非如此。

冬天终究会变成春天。

没有永远持续的冬天。

你比谁都苦恼过，因此你比谁都懂得人的心；

你比谁都难受过，因此你比谁都敏感到人的亲切。

5/2

5 FEBRUARY

父母和周围的人要很好地理解青春期的特征，

要很好地听取孩子的倾诉，

实事求是地容纳孩子的意见，

而且要创造一个让孩子心情舒畅的家庭氛围。

要作出这样的努力，

同时要理解：

青春期是要以勇气来忍耐的时期——

这样来对待孩子，

怎么样？

6/2

6 FEBRUARY

不能认输：绝对不能认输！

幸福是人生的目的。

要为此而努力！

要为此而忍耐！

要努力地活下去。

要愉快地活下去。

要顽强地活下去。

7/2

7 FEBRUARY

即使失败了，

与其斥责，

不如说：

“这次可没有表现出真正的你呀！”

要能传给人克服障碍的信心和喜悦。

8
/
2

8 FEBRUARY

世间尽是矛盾。

也可以说这使人很难具有正确的眼光。

问题是要冲破这些矛盾，

大步跨越过去，

设法确立坚定不动摇的自我。

9/2

9 FEBRUARY

人生是一个接一个的战斗。

不论征途中会发生什么，

也一定要使战斗开出幸福的花朵。

10/2

10 FEBRUARY

对家庭教育的忠告：

- 每天都要设法与孩子交流
- 不要让孩子看到父母的争吵
- 父母不要同时斥责孩子
- 要公平，不要与其他孩子作比较
- 把父母有信念的生活态度传给孩子

11

2

11 FEBRUARY

恩师户田先生在他最后的一次生日（1958 年 2 月 11 日）那天，

赠给我妻子一首和歌：

“月光般柔和的容姿 / 怀着一颗妙法的坚强的心。”

妻子由于能够把这颗受户田先生熏陶的坚强的心

传给众多的女性而深感高兴。

12/2

12 FEBRUARY

不管时代发生什么变化，

真正的友谊始终不会变。

一有风吹草动，

立即发生变化的友谊，

不是真正的友谊。

真正的友谊越经考验，

越发能把人们牢固地紧紧地联系在一起。

13
2

13 FEBRUARY

不会因为时间多，

就能培养出好孩子。

即使时间有限，

只要有一颗聪明的心，

也会与孩子建立密切的接触。

14/2

14 FEBRUARY

人不可能是自己一个人来到这世上的，

也不可能是独自成长起来的，

而是生在家庭之中，长在家庭之中，

然后成长为一个独立的人。

也可以说，

夫妇、父母与儿女、兄弟姐妹

都是遵循一种眼睛看不见的法则

结合在一起的。

这种心灵的纽带，无疑就是真实的家庭的结晶。

15 / 2

15 FEBRUARY

和世界的人们友好固然重要，

但是，

和近邻的友好更为重要。

友好、友谊是人生之宝。

16/2

16 FEBRUARY

只要有人能够真正地理解自己，就可以安心地努力奋斗。

这样的心与心的纽带是很重要的。

有各种各样的纽带，

如父母与子女的纽带、教师与学生的纽带、师父与徒弟的纽带。

随着人生年轮的增长，

会越来越懂得这些纽带的宝贵。

17/2

17 FEBRUARY

人的一生是任何东西都无法取代的，

自身是非常重要和宝贵的。

我希望青春不要给将来留下后悔和心灵阴影。

我希望青春时代是为了这样的人生

——到了最后的最后，

能够面带笑容地说：

“我获得了幸福！”“我真的满足了！”“我胜利了！

18/2

18 FEBRUARY

重要的不是年龄，

也不是环境，

而是心。

凭着一颗心，

可以在任何时候、任何地方，

都使人生发出最闪耀的光辉。

19
2

19 FEBRUARY

孩子发生了有问题的行为，其中一定蕴涵着什么意思。

那是孩子的心发出的信号。

心的什么地方有些不正常，孩子不能很好地表达出来。

而且实际上恐怕连孩子自己也不太明白。

必须理解孩子行为的意义，采取相应的办法。

为了发现孩子的信号，心必须面向孩子。

20/2

20 FEBRUARY

人最美的姿态之一，

是认真地、一心一意地投入工作。

女性认真负责、生气勃勃地对待工作，

会永葆青春。

21/2

21 FEBRUARY

具有一流人格的人，

会始终珍视友情，

看重信义。

22
⁄
2

22 FEBRUARY

人生是战斗。

这是生命的法则。

逃避战斗的人，

其本身就是一种失败。

幸福是争取得来的。

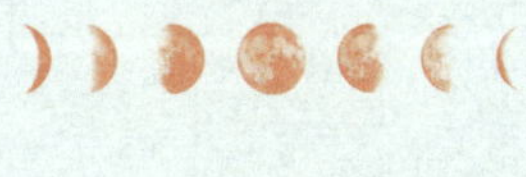

23/2

23 FEBRUARY

作为一个人，

一个怀有切实目的而坚定生活的人，

就是伟大的和幸福的。

24/2

24 FEBRUARY

要什么都愿意听、愿意学，

要广交朋友——

持有这种态度的人，

可以大大地发展自身的可能性。

25/2

25 FEBRUARY

当婴儿第一次看着我们微笑的时候，说出片言只语的时候，

第一次用自己的脚开始迈步的时候——

每天都会给人以惊喜和感动。

随着孩子渐渐地长大，这种感动也许会越来越少。

但孩子们仍然在继续成长。

我希望母亲要热心地关怀孩子的成长，

成为跟孩子一起成长的母亲、教育家。

26 / 2

26 FEBRUARY

赞扬光辉荣耀的朋友，并分享他们的快乐的人，

其心灵会变得丰裕和幸福。

相反，嫉妒、蔑视、认为他人“没什么了不起”的人，

一定会减少自身心灵的丰裕和幸福。

使自己的朋友幸福的女性，

是幸福的博士。

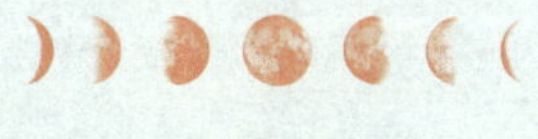

27/2

27 FEBRUARY

什么时候都举止从容自如，

脸上笑容不绝，

酿造出一种祥和的气氛——

与她生活在一起会令人感到值得庆幸。

妻子就是这样的形象。

28/2

28 FEBRUARY

如果自己的心改变，

使命感改变，

一切就都会变。

在为众人而行动的过程中，

会划出一道最光辉的生命轨迹。

29
2

29 FEBRUARY

幸福绝不是靠有名或无名来决定的。

为肤浅的虚荣所左右的人是愚蠢的。

懂得在平凡中寻求一条幸福的贤人的道路，

这样的女性已经取得了胜利。

生活记事贴 · ICON ·

购物	约会	月事	运动	旅行	要事

MON.	TUE.	WED.	THUR.	FRI.	SAT.	SUN.

※ 月月手账 TIPS：揭下随书附赠的“生活记事贴”不干胶，贴于每一日的日历表格，记录生活点滴。

月月物语

TO MYSELF

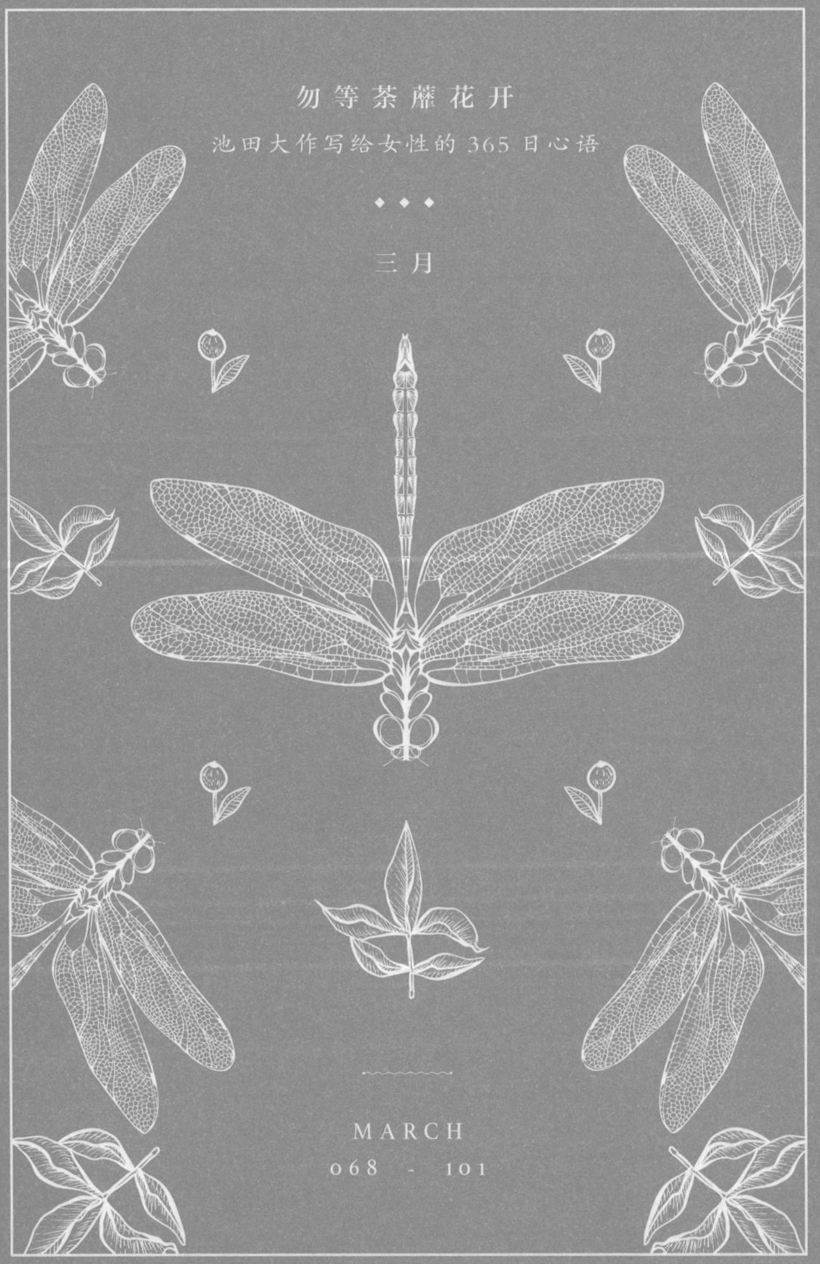

勿等荼蘼花开
池田大作写给女性的 365 日心语
三月
MARCH
068 - 101

1/3

1 MARCH

年轻的时候贪图安逸，不受劳苦，这是不幸的青春。
自以为自由自在，结果，最后会沦为不自由的失败者。

该劳苦的时候劳苦，该学习的时候学习，
这才是幸福的青春。
它会成为一生幸福的基础。

2/3

2 MARCH

母亲是自己家中的太阳。

不，是世界的太阳。

不论处于多么暗淡、严酷的状况，

只要有母亲，

满面笑容的光明就不会消失。

3/3

3 MARCH

管教和教育，

切忌非如此不可的死规定。

正如“樱梅桃李”这句话所说的那样，

樱花有樱花的美，梅花有梅花的美，

我希望尽可能为孩子准备一种环境，

让所有的孩子能发挥各自的特长，

让他们能选择适合其特性的人生道路。

4/3

4 MARCH

重要的不是同情和怜悯对方，

而是了解和理解他们。

人有了能理解自己的人，

就足以产生生存的力量。

5/3

5 MARCH

生命是有限的。

正因为如此，怎样使用生命是很重要的。

培育人是最尊贵的工作。

6/3

6 MARCH

为正义而生的女性的心灵，

最为尊贵、坚强和美丽，

而且也是不朽的。

7/3

7 MARCH

要坚强！

要坚强起来！

希望是未来的胜利的朝阳，

幸福是自己自身的权利。

8 / 3

8 MARCH

不论是刮风下雨，

还是因寒冷而战抖，

即使是负伤失败回到家里，

只要接触到母亲温暖的生命，

身心的创伤就会治愈。

9 MARCH

幸福也好，

地狱也罢，

全都在自己的胸中，

也全都在自己的心中。

10/3

10 MARCH

活着就是战斗。

人生就是与自身的斗争。

如果失败了，

就不会有充分享受这种人生的喜悦，

只会留下悔恨、苦恼和不幸。

我希望的人生是，

能挺起胸膛跟自己说：

“我取得了真正的胜利！”

11

3

11 MARCH

不争取自己成长、只追求眼前快乐的人生，

哪有什么幸福。

努力“争取成长”的女性，

人生的任何时候都会闪耀着最灿烂的光辉。

12/3

12 MARCH

就女性来说，

绝不仅仅在所谓的青春时代才是花朵。

年轻时代不论多么华丽，

这种幸福仍是肤浅的，

而且不可能保证会持续一生。

从长远眼光来看，

心中有着坚定的主心骨的人，

会与时俱进，不断地闪耀着光辉。

13
/
3

13 MARCH

如果这么做，别人将会怎么看？将会有怎样的结果？

——只考虑这一点，为了讨人喜欢而投机取巧地混下去。

这样的生活态度看起来好像很轻松，但太没有意思了。

不要度过为环境所左右，

不留下任何价值，

随着时代的过去而褪色的人生。

自己的人生是给自己的最高礼物。

14/3

14 MARCH

人生要勇敢地承受劳苦，

与朋友同甘共苦，

为众人、为社会服务。

经受的劳苦愈多，

开拓的境界也愈大。

15/3

15 MARCH

孩子终究且一定要独立。

法国的思想家卢梭说过：
“不能把‘使孩子幸福’和‘娇宠孩子’混同起来。”

为了使孩子幸福，
重要的是培养孩子的坚强和勇气，
使孩子碰到任何考验都不屈服。

16/3

16 MARCH

所谓师徒，

就是弟子要为师父效力。

弟子要努力奋斗，

变得杰出和伟大，

来回报师父，

向师父报告胜利。

17/3

17 MARCH

学历和财产，

其本身并不是人生的目的。

所以，在这些方面羡慕他人，轻视自己，是愚蠢的。

不要忘记，

你自身是一切之宝，

要毅然地坚定地生活下去。

18/3

18 MARCH

被岩石阻挡的树苗，

不能笔直地生长。

而在温室中培育的植物，

虽然成长很快，

但缺乏抵抗风雪的能力。

在生机蓬勃的自由气氛中并在自然的考验中经受锻炼，

对孩子来说，

是一条幸福的道路。

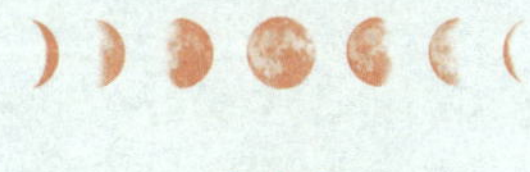

19/3

19 MARCH

仅凭概念，

不能真正地培育人。

要在实践中身体力行，

流淌汗水，

一起哭，

一起笑——

在这样人与人的共同奋斗与切磋琢磨中，

人才能得到磨炼。

20/3

20 MARCH

为了经常保持家庭的明朗和健康，

我认为需要不断地创造价值。

一支乐曲会使家庭变成快乐的音乐会场；

孩子画的一张画儿，

会使家庭变成美丽的展览会场。

21/3

21 MARCH

向前进！

坚决果断地向前进！

勇敢地向眼前的现实挑战！

这样的人是最高的胜利者，

是尊贵的女性。

不管谁会说什么！

不管谁会怎么认为！

22/3

22 MARCH

孩子不收拾房间，

就说他“真是个懒孩子！”

这么说，

往往会给孩子贴上一张负面的自画像。

不如鼓励说：

“你完全可以把房间打扫干净。”

23
3

23 MARCH

积极参加社会活动的人，

要比他实际年龄年轻得多。

对一件小事也抱有感恩之心的人，

愿意为他人效力的人，

显得爽快利落、朝气蓬勃。

24/3

24 MARCH

孩子本来就有要发展、要成长的生命趋向。

由于某种契机而茁壮成长的孩子，

其成长的速度令人吃惊。

培育孩子的根本，

是正确地引导孩子生命力的发展方向，

为孩子清除其成长过程中的障碍。

25/3

25 MARCH

重要的是不要被繁忙压垮。

精神上更不能被压垮。

26/3

26 MARCH

知恩、报恩是人应走的道路。

爱父母，从内心里感谢父母，
可以说是做人的深度和成长的证明。

这样成长起来的人，
自己也会成为好父母，
建立起和睦快乐的家庭。
这样的心对培育孩子也会产生很大的影响。

27/3

27 MARCH

地上只要升起一轮太阳，

万物就可以获得能量。

同样，

自己如能成为家人中的太阳，

其光芒就会照亮周围。

28 / 3

28 MARCH

智慧产生于慈悲，

慈悲产生于勇气，

勇气与慈悲相通，

且与智慧相通。

29/3

29 MARCH

人生首先要有

“一定要克服任何困难”、

“一定要打破小我的硬壳”的气概，

一切将会由此而打开。

30/3

30 MARCH

忍受过年轻时不幸的命运，

经历过数倍于常人的劳苦，

一定会度过比常人多数倍的丰富的人生。

31/3

31 MARCH

对孩子漠不关心，

等于是放任自流。

希望父母们之间要经常互相交谈，

共同关心孩子们的成长。

生活记事贴 · ICON ·

购物	约会	月事	运动	旅行	要事

MON.	TUE.	WED.	THUR.	FRI.	SAT.	SUN.

※ 月月手账TIPS：揭下随书附赠的“生活记事贴”不干胶，贴于每一日的日历表格，记录生活点滴。

月月物语

TO MYSELF

勿等荼蘼花开
池田大作写给女性的365日心语
四月
APRIL
102 - 134

1/4

1 APRIL

太阳不屈不挠地在自己的轨道上前进，

照耀和抚育着万物。

女性是一个家庭的太阳。

我希望你们如太阳般明亮，如太阳般坚强，如太阳般健康，

怀着“今天仍要向什么挑战！”

“今天仍要前进一步！”的目标，

每天都过着干劲十足的生活。

2/4

2 APRIL

恩师户田先生曾经说过：“报恩的人是最高尚的人。”

报恩的人生是美丽的。

对关照过自己的人怀有报恩的心，

最能使自己成长，

它会成为不断提高、向上的动力。

报恩的人是人生的胜利者。

3/4

3 APRIL

当感到好像受到什么束缚的时候，

当一切都变成被动的时候，

当总觉得有点迷惑的时候……

在这样的时刻，

要使念头一转，

下定决心：“好，坚持走这条道路！”

真正的“春天”就在这一念之中来临。

4/4

4 APRIL

母亲，大乐观主义的母亲啊！

不论什么人，只要呼唤你的名字，

温暖的春天就会在胸中苏醒；

不论什么人，只要听到你的声音，

就会从怀念的故乡中获得生存的力量。

5/4

5 APRIL

不要受过去的束缚，

要从“今后”“现在”“今天”开始——

不要忘记这种永远前进的坚强信念。

6/4

6 APRIL

孩子能不能高高兴兴地去上学，取决于他出门之时。

尽管时间很短，母亲也要笑脸相送。

当孩子要跟母亲说什么话时，

绝不能暴露厌烦，要认真地倾听。

这对稳定孩子的心，

会起到无法估量的重要作用。

7/4

7 APRIL

你每天都精神抖擞，

快乐地活跃在四周。

从不悲伤，

从不屈服，

今天也愉快地向胜利前进。

你的名字，

叫“幸福博士”。

8/4

8 APRIL

人生是深深地扎根于心灵的大地，

还是时时看他人的眼色求生——

人生的标准是在自身，

是在自身的胸中。

9/4

9 APRIL

对于人来说，

最重要的是诚信。

诚信是最大的财富。

没有诚信的人，

终究会成为寂寞孤独的失败者。

10/4

10 APRIL

在“努力”这个简短的词语中，

闪耀着胜利与光荣的光芒。

11

4

11 APRIL

人生虽然很长，

但也是由一瞬间、一瞬间积累起来的，

最后不是变好就是变坏。

而决定好坏的，

正是你自己。

12/4

12 APRIL

我希望父母是孩子的好朋友。

没有父母不爱孩子，

但我希望还要有友谊。

所谓有友谊，

就是要把孩子当作一个完美的人格予以尊重。

13/4

13 APRIL

贯彻始终的态度——这是获得幸福的关键。

坚持走自己的道路，

才能开拓愿望，

得到满足的无悔人生。

14/4

14 APRIL

通过自己的行为来进行教育，

才是真正的教育。

不只是在口头上，

而且还要伴之以行动，

才会给教育注入灵魂。

15/4

15 APRIL

步伐不妨慢一点。

一步一步循序渐进的人，

将是胜利者。

16
/
4

16 APRIL

“忙”这个字由“亡”和“心”组成，

有“亡心”的意思。

在忙乱中如果一味地为紧逼着的生活随波逐流，

那就会连重大的事情也看不到了。

在这样的时刻，

要想到问一问自己：

“为了什么？”

17/4

17 APRIL

教育和抚育孩子都是很费时间的工作。

拼命地努力于这样的工作，

其成果也未必能很快表现出来。

不过，留下的事实是，

你给孩子们播下了幸福的种子，

充分地耕耘了他们的心田。

你的全部辛劳，

都会作为孩子们的宝物结为果实。

18/4

18 APRIL

如果要恋爱，

我希望那是能产生巨大创造的精神力量、

互相提高的恋爱。

19/4

19 APRIL

在家庭中要成为好女儿，

在工作单位要成为大家羡慕、信赖的好同事，

你因此而光彩夺目。

20
4

20 APRIL

母亲也是一个出色的社会人。

只要把视野扩大到社会，

就既可以获得作为人的幸福，

又可以获得作为母亲的幸福。

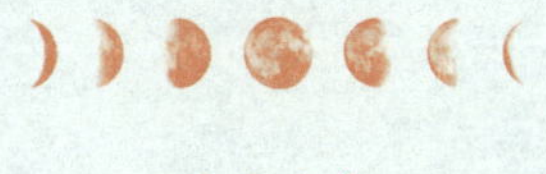

21

4

21 APRIL

不论发生什么事，

绝对不能卑躬屈膝。

不要耷拉着脑袋，

而要满怀自豪和信心，

抬起明亮的眼睛，

坚定且堂堂正正地生活下去。

这样的人才是幸福的。

22
/
4

22 APRIL

希望在孩子的面前避免发生夫妻间的吵架。

千万不要忘记，

孩子们即便装作没看见，

但通过他们圆睁着的眼睛和柔软的肌肤，

会敏锐地感受到父母的行为，

并且有所感应。

23/4

23 APRIL

我喜欢“毕生青春”这个词。

所谓年轻，绝不是由年龄来决定的。

因为我相信，

它是由朝着自己认准的目标勇敢坚定地生活之热情决定的。

有的人年纪轻轻，心灵却已衰老。

可是，有的人不管多么高龄，

仍然不丧失希望，心灵依旧朝气蓬勃。

这样的人就会“毕生青春”。

24/4

24 APRIL

即使是平凡，

我始终

希望不忘春风的笑容，

希望辉耀着太阳的热忱，

希望与月光交谈，加深智慧，

希望做如白雪般发出清辉的人。

25

4

25 APRIL

所谓“躾”（日语中的汉字，教养、管教的意思——译者），
也许可以说是让“身体”掌握一种“优美”的风格的意思。
这种风格是为了使自己每一天都能够豁达、
圆满并愉快地和他人一起生活。

26/4

26 APRIL

蒲公英为什么踩它踏它都不屈服呢?

其顽强的秘密就在于它的根深深地扎入地下。

据说它长长的根会扎入地下一米多深。

人也是如此。

有的人坚持艰苦奋斗，把自己人生的根扎得很深，

任何人都不可能动摇它，

这样的人是真正的胜利者。

27
4

27 APRIL

希望你们能作为一个平凡的好市民和好邻居，

受到大家的信赖，

净化自暴自弃的友人的心灵，

成为社区和工作单位的良心。

28/4

28 APRIL

向前看！

不要向后看！

前面有希望、胜利和光荣的人生。

29/4

29 APRIL

因为是孩子，

有时有些淘气也不要紧。

即使对他们加以斥责，

也是在教他们判断善恶、思考正义的手段，

这会成为他们宝贵的人生经验。

孩子一定会自然地学到宝贵的人生学问，

并把它化为自身的血肉。

30/4

30 APRIL

在现在所在的地方，

不对自己屈服，决心争取胜利；

不与他人相比，

在自己引为自豪的高尚使命的道路上，

踏踏实实地前进。

这样的人，

是幸福的人，是作为人的胜利者。

生活记事贴 · ICON ·

购物	约会	月事	运动	旅行	要事

MON.	TUE.	WED.	THUR.	FRI.	SAT.	SUN.

※ 月月手账 TIPS: 揭下随书附赠的“生活记事贴”不干胶，贴于每一日的日历表格，记录生活点滴。

月月物语

TO MYSELF

月 月 物 语

TO MYSELF

勿等荼蘼花开
池田大作写给女性的365日心语
五月
MAY
136 - 168

1
5

1 MAY

日日新，一天比一天新。

每天带着新生的生命气息，

全力奔跑前进，

争取今天的满足和明天的飞跃。

2/5

2 MAY

人生拥有导师是一种幸福，

是极大的喜悦。

把自己决定的师生之道当作人生的骄傲，

贯彻始终，

其中有着作为人的美和尊贵。

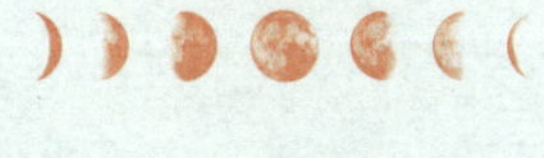

3/5

3 MAY

母亲的力量是大地的力量。

如同大地使草木繁茂，鲜花开放，硕果累累，

母亲是培育一切的创造和教育的大地。

这个大地一旦行动起来，一切都会改变。

母亲会改变家庭，母亲会改变社区，

母亲会改变社会，母亲会改变时代，

母亲会改变世界使之通向和平。

4/5

4 MAY

笑容与其说是幸福的结果，

不如说是幸福的原因。

5 MAY

每个孩子，都有着唯有他才能完成的某种使命，

每个孩子，都是具有某种才能的嫩芽。

要使这些嫩芽发育成长，其最好的养分就是信任他。

这种嫩芽的成长会因人而异，有的人会很早就发芽成长，

有的人则会在经历一段时间之后，才突然发育成长。

不过，一定要相信才能的嫩芽迟早会发育成长，

一定要不断地对他亲切保护和耐心鼓励。

6/5

6 MAY

树木也会为我们开出硕大的花朵，

愉悦人们的心。

人也应该为他人做出某些有益的事情。

7/5

7 MAY

作为一个人，

最重要的并不是获得金钱和荣誉，

而是学习。

不管多么有名的人，

没有学习之心是不可尊敬的。

一辈子坚持学习的人，

才是值得尊敬的。

8/5

8 MAY

不能忘记对母亲的感谢。

忘记了对母亲的感谢，

就会变得傲慢，

就会丧失某些重要的东西。

在向母亲行最崇高的敬礼的心中，

会产生正义与和平。

9/5

9 MAY

世人往往对富人和名人交口赞扬。

其实人的真正价值，

并不在于财富或名望。

当然，

我希望所有的人都富裕和健康。

但是，

不要忘记，

最高的价值是心灵的充实和丰裕。

10/5

10 MAY

在满溢着深厚爱情的夫妇及他们的家庭中，

不可思议的是，好像总有一位善于去表扬别人的主妇。

在亲近的家人中间，出人意料的是，

大多经常相互发泄着不平和不满，相互指责别人的缺点。

在这样的氛围中，说几句鼓励的话语，

就会舒解对方的心，使谈话圆满顺利，

让人产生信心。

11

5

11 MAY

年长者具有经历过人生的风霜雨雪的宝贵经验。

年轻人要尊敬具有宝贵人生经验的年长者，

绝不能轻视他们宝贵的智慧。

12/5

12 MAY

要朝着自己的目的和使命挑战、再挑战。

不能灰心丧气。

要行动，学习，分享，再学习。

这样反复不断地实践，

一定会在某一时刻，

豁然开拓出广阔的境界。

13
5

13 MAY

生我育我的母亲，

昼夜不息劳动的母亲，

平时唠唠叨叨，关键时刻一定会保护我们的母亲。

为了自己的孩子，为了家人，不断虔诚祈祷的母亲。

你是无比尊贵的母亲。

可以不赞美任何著名的名人和政治家，也应当赞美无名的母亲。

即使谁也不赞美，我也要对母亲给予最大的赞美，

献上感谢之心。

14
5

14 MAY

如果父母斥责孩子，不说原因，只是大发雷霆，一味斥责，

孩子就会害怕畏惧。

于是就会学会一种狡猾：

不管怎样，首先要“不让父母生气”，“自己不受斥责”。

长此下去，在重要的时刻，

孩子是不会听父母的话的。

15/5

15 MAY

要培育你自己，

使你自己身上有着幸福的引力。

你就会成为幸福的太阳，

照耀全家和亲友。

16/5

16 MAY

去吧，忧郁的人生！

去吧，悲惨的人生！

去吧，愚蠢的人生！

不要走徒劳无益的路！

不要走悲观绝望的路！

聪明而坚定地生活才是青春。

17/5

17 MAY

为家人、为邻人诚实地尽其最大努力生活的女性——

她的一生虽然平凡，

但却尊贵和美丽。

18/5

18 MAY

在女性为保护和培育最重要的生命而集结的智慧和慈悲中，

蕴涵着人类历史转变的契机。

伟大的母性力量胜过权力。

19

5

19 MAY

一心只想着他人的田地，

永远得不到满足。

不耕耘自己的田地，

不可能充分享受到人生真正的成果。

20/5

20 MAY

现在的工作，要全力以赴！

今天的课题，要努力完成！

自己肩负的使命，要彻底实现！

这些都会通向胜利。

21
/
5

21 MAY

既然降生到这个世界上，
就必须为争取幸福而努力。

绝不能被不幸所击倒。

你的斗争力量，
充满朝气和希望之光，
一定会使一切变成幸福。

22/5

22 MAY

与父母、前辈商谈自己的未来和人生，

绝不是陈旧的习惯。

不要忘记，

这会成为重要的启示，

成为最聪明地保护自己的指针。

23/5

23 MAY

满面笑容，

可以说是心灵绽放的馥郁芬芳的花朵。

24/5

24 MAY

自卑感也会成为你顽强生活的力量，

一切自卑感都会化为你生活的力量。

不曾因自卑感而苦恼过的人，

不会懂得细腻的心灵旋律。

曾因为自卑感而苦恼过并受人欺侮过的人，

其心灵的褶皱得以加深，心灵的声音得以丰富，

才会真正懂得人心。

25/5

25 MAY

“不浪费”——这句话也可以说是我们日本母亲“智慧的代词”。

它作为解决环境问题的一种办法，

把希望扩大到世界。

因为不浪费任何东西的慈爱之心，

即“母亲的心”，

会培育出尊重生命之心、关爱他人之心。

26/5

26 MAY

对于孩子来说，

父母可以说是最亲近的人生前辈。

无论平凡，抑或普通，甚或失败，

都希望他们向孩子显示自己人生态度的轨迹，

显示他们作为一个人切实地奋斗过来，

而且不慕虚荣，

始终重视真正的荣光。

27
5

27 MAY

让我们每天都认真地生活吧！

能够发现许多美好事物的人，

才是完美的人。

28/5

28 MAY

总是一帆风顺，

就不会实际感受到真正的幸福。

即便有山河险阻，也要悠然越过；

深深懂得人的价值，就会不断进取前进。

那里有喜悦，有满足，而没有后悔。

29 / 5

29 MAY

支撑世界的，

不是少数貌似伟大的领袖，

而是看起来不显眼，

但为自己的使命顽强生活的母亲们。

30/5

30 MAY

百花每天都在成长，

各种绿树每天也在成长。

人生也是如此成长的。

要怀着希望，

不断努力，

日复一日地构筑自己最幸福的命运。

人生切忌作性急的跳跃。

31 / 5

31 MAY

希望你能经常跟孩子交谈，

哪怕只是几句话。

希望你每天都和孩子们一起为美好事物而高兴，

一起发现新事物。

培育心灵的是心灵。

生活记事贴 · ICON ·

购物	约会	月事	运动	旅行	要事

MON.	TUE.	WED.	THUR.	FRI.	SAT.	SUN.

※ 月月手账TIPS: 揭下随书附赠的“生活记事贴”不干胶，贴于每一日的日历表格，记录生活点滴。

月月物语

TO MYSELF

勿等荼蘼花开
池田大作写给女性的365日心语
六月
JUNE
170 - 202

1/6

1 JUNE

生活在青春时期，

懂得青春的宝贵，

并发挥青春的活力——

这样的人如同天使一般，

自豪地走在人生最美好的道路上，

谱写着最幸福的人生篇章。

2/6

2 JUNE

不懂得读书的乐趣，

是人生巨大的损失。

这就好似一个人身边堆满了宝物，

却不知道其价值。

懂得读书的乐趣，

人生会在深度和广度上发生巨大变化。

3/6

3 JUNE

培育不屈服于逆境的真正坚强的自我，

关键是坚持到底，

贯彻始终。

4/6

4 JUNE

工作场所中有一个聪明伶俐的女性，

将会是一种多么爽朗、愉快的氛围啊！

5/6

5 JUNE

心是最重要的。

心灵软弱的人不会有幸福。

心灵污浊的人不会有幸福。

心灵坚强的人才会有幸福。

6/6

6 JUNE

创价学会第一任会长牧口常三郎先生曾谈到三个目标：

“能跑千米可以跑百米。

能跑百米不一定能跑千米。

确立了大目标，中目标、小目标才会明确，

才会产生达到目标的方法。”

在人生的马拉松赛跑中，

重要的是要成为胜利者。

7/6

7 JUNE

孩子总是默默地注视着顽强奋斗的母亲，

并把母亲铭记在自己的心上，

永远不忘母亲的劳苦。

所以，不脱离正道而顽强奋斗。

要结成这样的母子的纽带。

8/6

8 JUNE

健康是争取来的。

吃什么，

过什么样的生活，

是自己决定的。

最重要的健康方法，

主要是防病，

而不是治病。

9/6

9 JUNE

不是由门第，

不是由学历，

不是由姿容，

不是由财产，

也不是由社会地位，

幸福是由你的心决定的。

10/6

10 JUNE

说自己的家庭是和睦的，

并不是说其中没有任何劳苦或苦恼。

而是说，

不论家庭中发生了多大的风暴，

总有一个太阳把全家人照耀。

家庭中的这个太阳就是母亲。

11
/
6

11 JUNE

晚年的面孔是骗不了人的。

刻上的人生年轮，

是掩藏不住的。

尤其是眼睛，

会雄辩地说明一个人。

12/6

12 JUNE

正确行动的人，

即使遭到不理解的人的轻蔑和指责，

但其伟大终究一定会得到证明。

真诚的行动，

一定会吸引有良心的人共鸣的眼光。

13 / 6

13 JUNE

培育孩子需要耐心。

培育人确实很费功夫，

不可能马上如愿以偿。

这是理所当然的。

培育孩子、培养人才不可能“事半功倍”。

14/6

14 JUNE

向往和羡慕美好境遇和华丽外表——

为肤浅的虚荣所左右，

这是愚蠢的。

做愚蠢的事是不幸的。

能聪明地深入洞察人生的本质，

这个人就是哲学家，

所以他永远拥有幸福的生命。

15/6

15 JUNE

尊重孩子的人格，

孩子就会学会尊重人。

要在家庭中将孩子培育成一个优秀的小社会人。

16/6

16 JUNE

自己心中所作的决定，

会成为使自己的人生走向胜利、获得幸福的原因。

这一点已为历史所证明。

17 / 6

17 JUNE

正义的女性的雄辩，

是无敌的。

真挚的女性的声音，

是不可战胜的。

18/6

18 JUNE

所谓“相对的幸福”，

是指从经济富裕、社会地位等自身之处的世界所获得的幸福。

环境、条件一旦发生变化，

这种幸福很容易崩溃。

与此相对，

所谓“绝对的幸福”，

是指一种不屈服于任何困难和考验，

相信活着本身就极其快乐的境界。

19 / 6

19 JUNE

拥有生存的喜悦的人，
是幸福的女王。

发现生存的喜悦的人，
是精神的胜利者。

20/6

20 JUNE

当孩子非常苦恼的时候，

父母对他说的话不一致，

孩子就会更感困惑。

夫妇的配合和思想准备很重要。

希望能很好地倾听孩子的话，

让孩子打内心里感到安心。

21/6

21 JUNE

人际关系表现一个人的境界。

扩大人际关系，

关系到扩大境界。

22/6

22 JUNE

世界上没有不经受劳苦的人生。

不行动，

幸福永远不会到来。

现实必定是严酷的。

所以，

不要为现实所左右，

而要主动地向现实挑战，

把现实当作锻炼生命的场所。

23/6

23 JUNE

孩子们的成长，

与大人们的成长有关。

所以，

所谓教育，

不外是对大人们自身生活态度的挑战，

即大人自身的生活态度对孩子们能起什么作用。

24/6

24 JUNE

下雨的日子欣赏雨点，
刮风的日子倾听风声，
看到有困难的人，
立即挺身相助。

母亲如人生诗篇的生活形象，
一定比话语更能培育孩子们丰富的心灵。

25/6

25 JUNE

不流淌汗水，

不深入深奥的人生的高山和低谷之中，

就不可能采掘到幸福的钻石；

一味地在热闹的街市上玩乐，

绝不可能磨炼出幸福的钻石。

26/6

26 JUNE

从你的笑脸上，

人们会感受到你的亲切和慈祥。

也许你也有痛苦、难受的时候。

但不要忘记，

只要有你的笑脸，

温暖、和谐的世界就会扩大。

27/6

27 JUNE

挑战的精神永无止境。

西方有句谚语说：

“幸运只向挑战者微笑。”

一切都由行动开始。

一旦开始行动，

就会产生智慧。

28 / 6

28 JUNE

在他人看来是极其简单的事，

自己却不明白，也办不到，

谁都会情绪低落。

但是，重要的是之后怎么做。

做任何事情，没有人从一开始就会做得十分完美。

遭到挫折时，应暗下决心：

“好，拼命干！”“来，从现在开始！”

重新振奋起来。

29
6

29 JUNE

想起母亲的时候，

人会变得亲切温和，

纯洁的心会苏醒过来。

谁都有母亲。

你、他……所有的人都有母亲。

即使母亲已不在人世，

但心里一定还有母亲的存在。

30/6

30 JUNE

好的环境会造就好的人。

主动寻求这样的好环境，

并与好人联系——

这样的人会不断进步和成长。

生活记事贴 · ICON ·

购物 约会 月事 运动 旅行 要事

MON.	TUE.	WED.	THUR.	FRI.	SAT.	SUN.

※ 月月手账TIPS：揭下随书附赠的“生活记事贴”不干胶，贴于每一日的日历表格，记录生活点滴。

月月物语

TO MYSELF

月月物语

TO MYSELF

勿等荼蘼花开
池田大作写给女性的 365 日心语
七月
JULY
204 - 236

1

7

1 JULY

在狂暴喧嚣的人世现实中，

你应每天面带笑容，

将你的课题一个一个地加以完成！

2/7

2 JULY

我年轻的时候，也是一边工作一边上夜校学习。

人只有经受过劳苦，学到的东西才能变成自己的血肉。

经受过比常人加倍的劳苦，

才能懂得他人的痛苦。

不曾经受过任何劳苦，

就不懂得人心，也就不可能成为社会的真正领袖。

3/7

3 JULY

师生之道，

是争取完成正确人生的关键。

在很多情况下，

忽视了师生之道，

丧失了自己的原点，

就会忘记一向珍视的大目标，

陷入渺小的一己的自私和矫饰。

4/7

4 JULY

据说纽约“自由女神”的面孔原型，

是作者巴尔特尔迪的母亲。

对于辛辛苦苦地养育了他的母亲——

他也许是想把感谢之情化为形象；

也许对孩子来说，母亲的面孔是最美丽、最尊贵的。

希望报答母亲的恩德——

任何人的生命深层本来都拥有这样的思想。

5/7

5 JULY

谁都会摔跤。

摔倒了应当再爬起来。

爬起来之后，

要一直向前进。

因为青春不能有不可挽救的失败！

6/7

6 JULY

不要向病魔屈服！

绝对不能屈服！

你的生命中有太阳。

7/7

7 JULY

最大限度地充实自己的生命，

享受自己的人生，

毫不后悔地为众人作贡献——

这样的人是真正的人。

因为在这里会打开人的光荣的门扉。

8/7

8 JULY

不管现实多么多灾多难，

但脱离现实，

任何地方都没有幸福的大地。

所以，

一定要在现在所在的地方争取胜利。

9/7

9 JULY

受眼前事物束缚而左右摇摆不定的人，

是愚蠢的。

充实的心灵宫殿永远在自己的胸中闪耀着光辉——

希望你成为这种精力充沛的人。

10
7

10 JULY

走自己决定的道路，

这本身就是一种幸福。

所以，

在健康的时候要不惜劳苦地劳动，

要努力前进。

11

7

11 JULY

自己是带着自己的使命降生到这个世界上来的。

只看人的表面，

把他人与自己相比，

认为他人似乎是幸福的，

而自己是贫穷的。

这是愚蠢的。

12 / 7

12 JULY

能一辈子贯彻年轻时立下的誓言的人，

是伟大的和幸福的。

13

7

13 JULY

双亲去世了，

你也许常会设想：

“这时如果父亲还活着……” “如果母亲还健在……”

然而，父亲和母亲永远活在心中。

释尊也是生下来不久就失去了母亲。

他以身示范表明：

“没有双亲也可以成为伟大的人。”

14/7

14 JULY

想起恩师户田先生说过这样的话：

“如果是晴天，晴天干什么呢？

要考虑这个问题。

晴天、雨天、阴天都干同样的事，

那是愚蠢的。”

重要的是，

要根据当天、当时的状况，

开展最有价值的行动。

◆◆◆◆◆◆◆

15/7

15 JULY

不是因为生在富裕的家庭就幸福。

不是因为生在贫穷的家庭就不幸。

不是因为出身于名门就幸福。

在种种的痛苦中，

在边哭泣边坚韧不拔地过活中，

能缔造普遍的幸福。

把希望带给众多苦恼人们的生命，会永放光辉。

16/7

16 JULY

希望你能主动要求去经受劳苦。

而且，

如果同样是经受劳苦，

希望能为伟大的理想去经受劳苦。

不要把自己封闭在小我的硬壳中，

而要树立起为朋友、为社会、为人类作贡献的

伟大理想而不断学习。

17
7

17 JULY

不忘老师的恩德，

培育和珍视友谊——这看似十分平凡，

但事实绝非如此。

在这样的行为中，

实际上表现了最美的人性，

有着人性的真髓。

18/7

18 JULY

人生不会一切都一帆风顺。

有时胜利，有时失败。

但是，即使暂时失败了，

也不能败于自己。

不管现在处于什么样的境遇，

只要战胜了自己，

就是胜利者。

19/7

19 JULY

“心才是重要的！”

真正的幸福和胜利，

都是由你自身的心决定的。

20/7

20 JULY

日常的时间也许是由一点一滴的小事串联起来的。

但是，内心的瞬间的微妙变化，也可以开拓巨大的幸福。

这种心是——

“贤明之心”

“建设之心”

“决心取胜之心”

“分辨善恶之心”

“拯救众人的勇敢之心”。

21

7

21 JULY

对于孩子来说，

母亲是这个世界上唯一的存在，

是谁也不能替代的绝对信赖和安全的依靠。

22/7

22 JULY

人生的道路绝不都是平坦的。

有晴朗的日子，有阴霾的天气，也有下雨的时候。

但是，人生的道路是不可逃避的，

必须一步一步地坚持走下去。

在这条挑战的道路上，

不需要感伤、哀叹和悲观。

我希望怀着“明朗”这个唯一的宝物，

在自己人生的大道上前进。

23
7

23 JULY

人帮助他人又受助于他人而生活着，这是对的。

如果能这样做，帮助人的人和受人帮助的人都皆大欢喜。

所以，行李过重时，可以请人一起来拿。

这等于是把帮助人的喜悦带给周围的人。

不要一个人呆坐在行李前。

又如果看见有拿着沉重行李的人，

要鼓起干劲去帮助他。

24/7

24 JULY

在暑假里，

学习是重要的，

帮助做些家务事也是重要的。

把一件事坚持做到底，

会增强孩子的信心。

父母和子女一起向一件事挑战，

会成为宝贵的回忆。

25/7

25 JULY

要做贤明的人！

要做聪明的人！

要做明朗的人！

要做坚强的人！

要做亲切慈祥的人！

26/7

26 JULY

要正确认识不断成长的孩子的状态，

坚持进行与这种状态相适应的对话。

为此，

母亲经常要求自身成长也是很重要的。

27
7

27 JULY

“有使命”和“自觉到使命”是不一样的。

长期不自觉，

会使自己无所作为，

太可惜了。

自觉到使命，

会产生无限的活力。

28 / 7

28 JULY

大自然、世界、宇宙都一刻不停地在运转。

从失去上进心的那一瞬间起，

人生就已经开始退步了。

29/7

29 JULY

电视有不好的一面，也有好的一面。

要有一些空余的时间，

通过看电视来加深父母与子女之间的对话。

有个人小学时看了一个反映难民悲惨状况的电视节目，

认为“只有当医生才能救治这些难民”。

以为他拼命学习，

走上了医学的道路，

在这方面非常活跃。

30/7

30 JULY

喜剧大师卓别林对于人们的提问：

“您的最为得意的作品是哪一部电影？”

据说他直到晚年一直是这样回答的：

“next one（下一步作品）。”

挑战的精神是没有止境的。

不是因为有路才走，

而是因为走才形成路。

31/7

31 JULY

说“与我无关”，也许很轻松。

但是，这种“与我无关”会使人变得渺小。

每当你低声说“与我无关”时，

你自己的人性就会削弱，

且很快就会消失。

使我们的社会变得和平的女性，

是和平天使。

生活记事贴 · ICON ·

购物	约会	月事	运动	旅行	要事

MON.	TUE.	WED.	THUR.	FRI.	SAT.	SUN.

※ 月月手账TIPS：揭下随书附赠的“生活记事贴”不干胶，贴于每一日的日历表格，记录生活点滴。

月月物语

TO MYSELF

勿等荼蘼花开

池田大作写给女性的 365 日心语

八月

AUGUST

238 - 270

1/8

1 AUGUST

有理想，才是青春。

有理想，才是人生。

没有理想的人是寂寞的。

相反，毕生为追求理想而生活的人，

不管年岁多老，心灵永远是青年。

2/8

2 AUGUST

有位哲学家说过，

忘记了母亲，

会变成畜生。

人生要一边想着母亲，

一边努力奋斗。

3/8

3 AUGUST

为了鼓励女性们，
恩师户田先生说过这样的话：

“人若不能使自己所在的地方幸福，
还能使什么地方幸福呢？！”

4/8

4 AUGUST

友情是这个世界上尊贵而可以信赖的东西。

友情是作为人的最好证明。

5/8

5 AUGUST

自己变了，环境也会戏剧性地发生变化。

这就是“人性革命”的法则。

绝对不能失败！

一定要取得胜利！

下了这样的决心，

一切困难都会成为争取人性革命的动力，

成为装饰自己生命的宝物。

6/8

6 AUGUST

希望你能给孩子们留下在他们以后漫长的一生中

能支撑他们心灵的闪光的回忆。

特别是暑假，将是留下这种回忆的绝好时机。

这并不是什么特别的事，也不是非花钱不可的事。

比如说，只要有天空，有星星，有母亲的爱和智慧，

父母和子女就可以创造出令人心动的夏天故事。

7/8

7 AUGUST

青年蕴藏着无限的可能性，

可以无限地成长。

一切都是由你自己的心、你自己的一念决定的。

8/8

8 AUGUST

个性只会在锻炼中发出光辉。

能很好地锻炼自己个性的人是美丽的。

谁看了都会感到迷人的美丽。

这不是很快就会消失的、暂时的美，

而是会持续一辈子的美。

9/8

9 AUGUST

任何领域都有“深与浅”。

人生也是如此。

是为自己一个人而活着，

还是为更高的价值而活着？！

为伟大的理想而活着，

就需要坚韧的决心和勇气。

有无这样的决心和勇气，

是对一个人的真实价值的考验。

10
8

10 AUGUST

母亲精神饱满的面孔，

会给大家带来幸福的芬芳。

11

8

11 AUGUST

家庭教育至关重要的关键是培育心灵。

懂得人心、能够行动的人，

是真正心灵坚强的人。

为了这个目的，

就要通过父母的生活态度来锻炼孩子的心灵。

必须抓住这个紧要问题，

其他问题以后多少总可以补救。

12/8

12 AUGUST

是怎样的一生？

为社会作出过什么贡献？

虽然无名，

虽然没有豪宅，

但能诚实地为众人尽力效劳——

这样的人就能积累心灵的财富，

就能实际感受到真正的幸福。

13/8

13 AUGUST

有的人只要鞠一个躬，

行一个礼，

就会留下一种清爽的余韵，

令人感到“好，太优美了！”

甚至联想到其父母的风格。

每个家庭都吹着某种家风。

孩子们正是在这种家风的充分吹拂下长大的。

14/8

14 AUGUST

拥有对导师的回忆的人生是美丽的和丰富的。

要重视重温对导师的回忆，

以导师为自豪，

实现导师的理想——

这里有着幸福的为人之道。

15
8

15 AUGUST

使自己的朋友幸福的女性，

是幸福博士。

使自己的社会和平的女性，

是和平天使。

16/8

16 AUGUST

连接理想与现实的桥梁是努力。

努力的人会产生希望。

希望是从努力中产生的。

17/8

17 AUGUST

没有必要在意什么面子和体面。

自己就完全拥有最珍贵的宝物。

要为自己的生命活着！

18/8

18 AUGUST

先哲说过这样的话：

“身上财富优于库藏财富；

心灵财富又优于身上财富。”

对于年迈的父母来说，

最高兴的是孩子灌注给自己的爱，

这是心灵的财富。

19

8

19 AUGUST

不论发生什么情况，

都要在现在所在的地方，

按照自己的意志，

无悔地、精力充沛地生活。

而且要凭自己的力量开拓自己的命运。

20 / 8

20 AUGUST

孩子即使知道母亲非常繁忙，

也仍然希望母亲能面向着自己，

守护着自己。

不仅幼小的孩子是如此，

越是长大，

越是希望母亲能在各个关键时刻理解自己。

21/8

21 AUGUST

人要通过和各种人的接触，

扩大自己的视野，

达到作为人的成长。

只有在人群中摸爬滚打，

才能锻炼人格。

22/8

22 AUGUST

心的力量是伟大的。

心中有着超越距离和时间的力量。

夫妇的心、家人的心、友人的心，

即使人是分隔两地，

他们的心也会自由自在地结合在一起。

23/8

23 AUGUST

为什么唯独自己……

为什么唯独我……

不要悲叹！

绝不要灰心丧气！

胜败是由一生、而不是半途决定的，

只要最后爽快地取得胜利就可以。

24/8

24 AUGUST

不论是哪个领域，

坚定地生活在一旦决定了的师生之道上的人是美丽的。

而且会成就宝贵的、日日翻新的向上的人生。

25/8

25 AUGUST

坚强就是幸福，

软弱会带来不幸，

希望大家能成为心灵坚强的女性、有坚强主心骨的女性。

26/8

26 AUGUST

人一上了年纪，

大多容易丧失前进的气概。

因此，是后退一步还是前进一步，

只是微妙的一念之差。

这时要有前进一步的勇气！

因为这一步会打开完成整个人生的决定性胜利的道路。

27/8

27 AUGUST

在不为人知的情况下，

专心磨炼自己、坚持学习的人，

一定会开拓胜利的人生，

留下扎扎实实的历史。

28/8

28 AUGUST

虽然不引人注目，

也没受到赞誉，

却仍然默默地朝着自己的理想努力奋斗——

这样的人是真正有魅力的人。

29
8

29 AUGUST

既然要度过有限的人生，

我希望那是能给后人带来希望和勇气的人生，

让人觉得“要像他那样活着”的人生。

30/8

30 AUGUST

不少人“在患病之后才开始深入思考人生”。

很多人在患病之后，

才再一次觉悟到家人的宝贵和爱的重要。

可见，

连疾病也可以当作使人生丰富多彩的营养。

31/8

31 AUGUST

自己的心怎样才能充满欢喜呢?

那就是,

自己要能给他人带来生的喜悦。

因为越是能给家人、周围的人带来喜悦和希望,

自己的心就越发变得丰富,

越发朝气蓬勃,

熠熠生辉。

· ICON ·

生活记事贴

购物	约会	月事	运动	旅行	要事

MON.	TUE.	WED.	THUR.	FRI.	SAT.	SUN.

※ 月月手账TIPS: 揭下随书附赠的“生活记事贴”不干胶，贴于每一日的日历表格，记录生活点滴。

月月物语

TO MYSELF

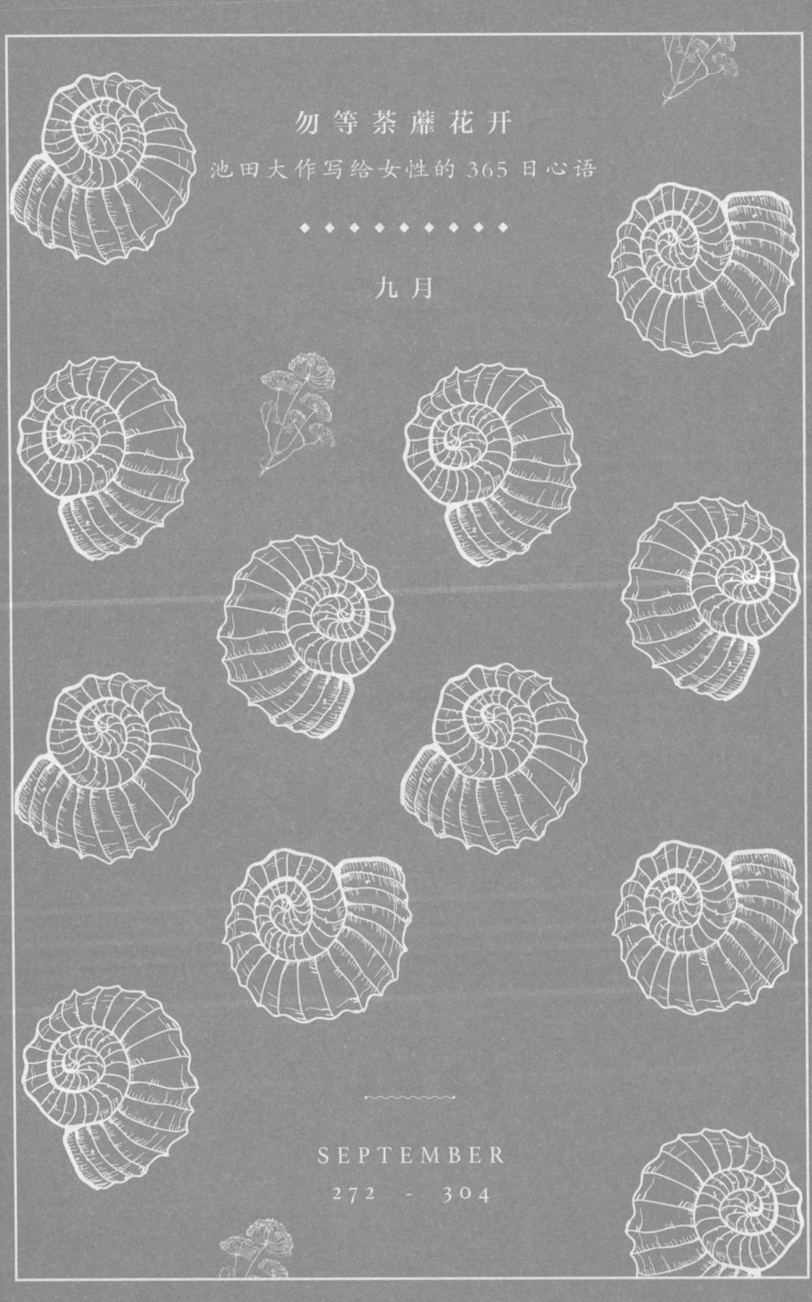

勿等荼蘼花开

池田大作写给女性的 365 日心语

◆◆◆◆◆◆◆◆◆

九月

SEPTEMBER

272 - 304

1
9

1 SEPTEMBER

比众人更早地呼吸清晨的空气，

为争取幸福与和平而行动——

这种人的形象尊贵而庄严。

2/9

2 SEPTEMBER

留下孩子出门时，

要跟孩子说你今天要去什么地方，几点回来。

回到家里要说：“我回来了！”“谢谢你了！”

即使孩子先休息了，也要怀着感谢之情，

在他的耳边亲切地说：

“你把家看得很好！”

“因为有你看家，妈妈工作更努力了。”

3/9

3 SEPTEMBER

应当把悲伤当作动力，使自己变得更伟大，变得更完美。

你受过苦，所以一定能做到。

应当抬起头，挺起胸。

自己是拼命生活过来的，是最大的胜利者。

要自己鼓励自己！

4/9

4 SEPTEMBER

我小学五年级那年的秋天，

我家遭到风速 33 米 / 秒强台风的袭击。

哥哥们都被征入伍不在家里。

在一片漆黑的家中，我们这些幼小的孩子都感到担心害怕。

就在这个时候，父亲严然地说：“不要害怕！”

母亲也毅然地说：“有爸爸在，绝对不用担心。”

父母这样的片言只语，使我们多么安心并产生了多大的勇气啊！

我至今仍然记忆犹新。

5/9

5 SEPTEMBER

人是不能孤独地生活的。

独自一人随意地生活，

也许看似自由而幸福，

实际上并非如此。

只有在与他人的联系和互相鼓励中，

人才具有生存价值，

才能不失使命感和上进心，

向前迈进。

6/9

6 SEPTEMBER

我的母亲养育了许多孩子。

她怀着无言的顽强力量，

默默地走过了许多劳苦人生的坡路。

这样的母亲最后说：

“我的人生胜利了！”

7/9

7 SEPTEMBER

为大多数人尽力效劳。

这样的人最伟大。

比任何名人、当权者都伟大。

在人生的最后，大家会因仰慕他而聚集起来说：

“啊，由于他，我获得了幸福。

由于他的鼓励，我站起来了。”

这样的人作为人是最伟大的，

而且是最幸福的。

8/9

8 SEPTEMBER

日语中有“声美人”（指声音美妙的人——译者）、

“手美人”（指双手灵巧的人——译者）的词。

其实，母亲的声音、母亲的双手是最美的。

母亲哄孩子、呼唤孩子的声音，

母亲给孩子换尿布、做饭、穿衣服的双手——

人都是在这样的“母亲的声音”“母亲的双手”的保护下长大的。

当母亲的声音把世界团结到一起，

母亲的双手与争取和平联系在一起的时候，

世界将变得多么美丽啊！

9/9

9 SEPTEMBER

不论有什么样的困难，

都要一个一个地、扎扎实实地努力克服，

而且要耐心等待。

绝不要丧失希望，

要懂得时机，

创造时机，

等待时机。

胜利的时刻一定会到来。

10/9

10 SEPTEMBER

无论是住在奢华的豪宅中，

抑或是住在破漏的茅屋里，

母亲就是母亲。

母亲慈爱的宽大、力量和行动，

就是真实心灵的宽大豪宅。

11

9

11 SEPTEMBER

遥远他国的人和近在身边的人，

同样都是人。

为他人的痛苦而痛心的同苦之心，

为他人的幸福而虔诚祈祷的心——

女性的这种心会向世界扩大友谊，

打开“心灵国际化”的门扉。

12/9

12 SEPTEMBER

人生的幸福不是由外表、

美貌或财富来决定的。

而是由人自身改变命运的能力

及其具有的生命的幸运来决定的。

13/9

13 SEPTEMBER

不断学习的女性，

会扩大幸福的世界。

坚持学习的女性，

会懂得人生应走的正道。

14/9

14 SEPTEMBER

有些东西人只有通过“亲身感受”“生命感受”的经验才能学到。

如果只是单纯的知识，

也许通过读书就可以独自学到。

但是，

人最重要的生存方式，

只能在自发的体验和人与人的互相接触中才会培养出来。

15/9

15 SEPTEMBER

温暖亲切的“鼓励”，

会给胸中的希望注入光亮，

点燃火花。

“鼓励”的“励”字由一“万”个“力”构成。

给人们送去一“万”个“力”，

确实是发自内心的“鼓励”。

16/9

16 SEPTEMBER

我母亲从来不啰嗦我学校的成绩，

但在日常的生活习惯上却要求十分严格。

我小的时候，母亲经常告诫我：

“不要给别人增添麻烦！”“不要撒谎！”

稍微长大之后，

她又增添了一句：

“自己决心做的事，要负责完成！”

17
9

17 SEPTEMBER

先哲有这样的教导：

“想给父母孝敬什么好东西，

但什么也没有时，

就一天露出两三次笑容。”

我希望能在日常生活中，

贤明开朗地实践这种人学的精髓。

18/9

18 SEPTEMBER

首先要按自己的意志认真生活。

更重要的是，

要下决心为社会、为众人尽力，

使自己的一生善始善终。

19
9

19 SEPTEMBER

忠于自己而活——这看似简单，其实很难。

人总是向往看似华丽的世界，总以为有更适合自己的工作。为此，人抛弃了自己赖以立足的地方，到处去探求寻找。而结果，大多数人什么也没找到，却浪费了宝贵的人生。

往自己的脚下寻找，那里就有涌动的泉水。

20/9

20 SEPTEMBER

开拓有价值的人生——

它不是“过去如何如何”，

而是“今后怎样生活”这样一种坚强有力的向前看的一念。

21

9

21 SEPTEMBER

培育孩子，

应作“七分表扬、三分斥责”的思想准备。

特别是对孩子来说，

母亲的鼓励和表扬，

会使他愉悦并永志不忘。

22/9

22 SEPTEMBER

人生有悲伤，

也有痛苦；

有山有河也有谷。

但是，

悲伤的河越深，

痛苦的山越高，

越过山河的喜悦和幸福也就越大。

23/9

23 SEPTEMBER

有着“为了什么”这一明确原点的人是强大的。

一旦确定了这一原点，

人生就不会迷路。

即使经受痛苦，

也不气馁，

这样才能径直地成长。

24/9

24 SEPTEMBER

先哲说："圣贤定要遭受辱骂的考验。"

一个人是否真正的圣贤，

要遭到辱骂、诽谤后才会知晓。

不屈服于辱骂、诽谤的人，

才是真正的圣贤。

希望也要培养孩子的顽强性，

使他能在关键时刻坚持信念。

25
9

25 SEPTEMBER

可以信赖的人、

可以依赖的人、

什么都可以商谈的人——

拥有这样的人，

自己也会变成这样的人。

这样的人是幸福的。

26/9

26 SEPTEMBER

在这个世界上，

绝对有只有你才能完成的使命，

绝对有只有你才能使其开花结果的人生。

怀疑什么都可以，

唯独这一点不能怀疑。

27/9

27 SEPTEMBER

在对孩子的教育中，
没有必要很早就期望他有所成就。
很早把孩子勉强放进某一种框框，
迟早会发现不合适。

最重要的毋宁是，
让孩子扎下能长成大树的根。

28/9

28 SEPTEMBER

“谢谢”是一个奇迹般的词。

一说出口，

就会精神焕发；

一听进耳，

就会产生勇气。

29/9

29 SEPTEMBER

在关键时刻，人们有时会认为“自己已经不行了”。

其实，这样的时刻正是开拓自身新的可能性的时机。

这里有着使自己的人生由失败向胜利、

由不幸向幸福作重大转变的契机。

30/9

30 SEPTEMBER

不能因为当上了母亲就忘记了自身的成长。

希望你成为精力充沛、朝气蓬勃、让孩子引为自豪的母亲，

直到永远。

·生活记事贴 ICON·

购物	约会	月事	运动	旅行	要事

MON.	TUE.	WED.	THUR.	FRI.	SAT.	SUN.

※ 月月手账 TIPS：揭下随书附赠的“生活记事贴”不干胶，贴于每一日的日历表格，记录生活点滴。

月月物语

TO MYSELF

月 月 物 语

TO MYSELF

勿等荼蘼花开

池田大作写给女性的 365 日心语

十月

OCTOBER

306 - 338

1 / 10

1 OCTOBER

一个人一生的经历有限。

但是，

通过读书，

可以把他人的经历化为己有。

因此可以说，

读书可以了解人生的深度和世间的广阔，

培养洞察人和观察社会的眼光。

2/10

2 OCTOBER

崭新的历史开始于一个人的挑战。

伟大的胜利开始于一个人的斗争。

一味地哀叹现状，

一切依赖他人，

就不会有任何变化。

自己变了，

世界也会随之相应地发生变化。

3/10

3 OCTOBER

不要逃避劳苦。

一定要战胜苦恼。

自身的宝物只能自己来创造。

自己要依靠自己来创造可以称得上“美好”“胜利”的人生价值。

这样的人是光荣的人、胜利的人。

4 / 10

4 OCTOBER

是把“老”单纯地看作走向死亡的时期，

还是理解为完成人生的集大成时期？

度过同样的时间，

但人生的丰富程度却有天壤之别。

要点燃火红的夕阳般庄严的生命。

5/10

5 OCTOBER

坚强起来，

悲伤也会变成营养，

苦恼也会深化自己。

在几乎要被压垮的痛苦的底层，

人生与生命的真髓才会渗透进自己的心灵。

正因为痛苦，

所以必须要活下去。

要前进，

再前进。

6/10

6 OCTOBER

有一个（只有一个也可以）可以信赖的、无话不说的、

能够与之推心置腹的朋友，

是重要的。

能够倾听那客观看待并时时想着关心自己的朋友的忠告的人，

是贤明的。

7/10

7 OCTOBER

完美的恋爱，

实际上只能在诚实和成熟的

“自立的个人”与“自立的个人”之间产生。

磨炼自己是很重要的。

8/10

8 OCTOBER

要给孩子创造许多美好的回忆。

为了孩子们，

我会表演魔术、弹钢琴。

我的心情就是，

希望一切都能为他们创造某种回忆。

因为幼小时期美好的回忆，

会成为支撑一生的动力。

9/10

9 OCTOBER

父母恩情深厚。

不要使父母痛苦、悲伤。

能够努力让父母高兴和快乐的人，

才是个成熟的人。

而且这种努力也直接关系到自己的胜利。

10/10

10 OCTOBER

要到达目标，

只有一步一步、坚持不懈地不断努力。

在这样一个过程中，

有时会得不到眼睛可见的成果。

但是，不断地努力达到一定的程度时，

成果会一下子展现在眼前。

正如同翻越山峰时，眼前会豁然开朗，

要耐心地等待这样的时刻到来。

11
10

11 OCTOBER

人可以通过其人生态度，

一直为后世所传颂。

在这一意义上，

可以说，

伟大的人生能够永远存续下去。

12/10

12 OCTOBER

不论发生什么情况，

也要相信，“我就是太阳！”

并悠然地生活下去。

当然，也有阴天的日子。

但是，即使是阴天，

太阳仍然在厚厚的云层上发出光辉。

即使痛苦的时候，

也不要丧失心灵的光辉。

13/10

13 OCTOBER

希望你们能够构筑聪明的自我。

在社会上要树立人格，

让人们觉得“这个人很不错”。

希望你们度过能与众人协调、

引领众人并受众人尊敬的人生。

14/10

14 OCTOBER

劳动、学习、培养孩子，

尽妻子或女儿的义务，

尽社区一员的义务——

这一切会互相冲突，

产生苦恼，

但仍要把它们当作使自己成长的营养。

女性只有下定这样的决心，

才能成为一轮太阳。

15/10

15 OCTOBER

真正的幸福是在自己的心中。

在坚定的心中，

勇敢的心中，

为众人尽力效劳的心中。

16/10

16 OCTOBER

要在一切事物中发现喜悦。

自己喜悦了，

周围的人也会神清气爽，

笑脸就会增多，

价值就会产生。

17
10

17 OCTOBER

即使身处十分无可奈何的危机之中，

但直到最后的最后也要相信“还有希望”。

因为心中的希望是无限无际的。

18/10

18 OCTOBER

不管有没有人看见，

也要始终坚持做人的正确行动，

无愧于任何人。

这样，

心就如同蓝天那样明朗、悠然。

这正是杰出人物共同的快乐和自豪。

19
10

19 OCTOBER

话语是一面镜子，
可以清晰地映照出一个人的境界。

即使是一句话，
也可以给人们带来希望，
增加理解，
安定人心，
激发正义。

20/10

20 OCTOBER

不是他人，

而是自己。

自己成长了，

周围也会发生变化。

不正视自己，

讲什么、做什么都是不负责任的态度，

不会产生重大的价值。

21

10

21 OCTOBER

不逞强，

不敷衍，

但也绝不畏缩，

诚实而认真地在各种场合发挥自己的全部力量。

这样的人看似平凡，

实则具有丰富的智慧。

22/10

22 OCTOBER

一切努力都是人生之宝、

胜利之宝、

幸福之宝。

23
10

23 OCTOBER

要求成长的人是美丽的。

人生的旅程一旦停下脚步，

那里就是终点。

我希望，

只要活着，

就要追求某种更高大、更深刻、更广阔的事物，

就要不断地进步。

24/10

24 OCTOBER

诚实是无比重要的。

没有诚实就没有爱，

就会失去包容力和幽默感，

也会失去笑脸和智慧。

诚实可以打动人心。

诚实是人生胜利的关键。

25

10

25 OCTOBER

教育是“共育（共同培育）”[1]。

孩子是不可思议的。

孩子有着耀眼的生命光辉。

看到孩子精神饱满的样子，大人也会精神抖擞起来。

哪里有孩子欢乐的声音，哪里就有希望，就有和平，

就会产生生活的欢乐。

[1] “共育”和“教育”在日语中意思不一样，但发音相同。——译者

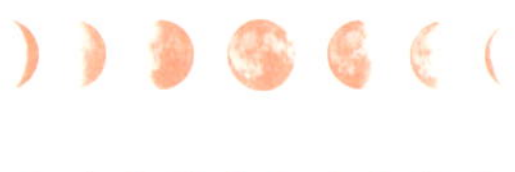

26/10

26 OCTOBER

决心为他人尽力、鼓起勇气开始行动的时候，

自己就会变得更为坚强，

作为人的器量就会更大。

27
10

27 OCTOBER

即使青春时代追求到某些浮华、虚荣的幸福，

上了年岁之后也会因此而失去幸福。

虚荣不会有幸福。

踏踏实实才是幸福的道路。

28

10

28 OCTOBER

要高明地从小就关注孩子的倾向。

这样，

到孩子长大进入反抗期时，

就不会惊慌失措。

29/10

29 OCTOBER

同样是一生，

还是高高兴兴地生活更好。

同样是行动，

还是高高兴兴地行动有价值。

与其让牢骚、义务感给每天的日子蒙上一层阴影，

不如以能产生喜悦的方式来生活更具有创造性。

30/10

30 OCTOBER

介意“因为那个家庭是这样”“这个家庭是那样”，

认为什么都应当同样——

这样的想法是愚蠢的。

与他人相比，

既不可能也无必要与他人相同。

刻意求同，就会弄虚作假，讲求形式；

就会追求虚荣，装饰体面。

31/10

31 OCTOBER

比一时的成败更重要的是什么呢?

是能否燃气“奋斗到底!”“坚持斗争!”的热情。

生活记事贴 · ICON ·

购物	约会	月事	运动	旅行	要事

MON.	TUE.	WED.	THUR.	FRI.	SAT.	SUN.

※ 月月手账 TIPS：揭下随书附赠的“生活记事贴”不干胶，贴于每一日的日历表格，记录生活点滴。

月月物语

TO MYSELF

勿等荼蘼花开

池田大作写给女性的365日心语

十一月

NOVEMBER

339 - 372

1

11

1 NOVEMBER

人本主义教育的根本是爱。

由爱培育起来的人不会用竞争来排挤他人，

而是争取树立为社会、为众人作贡献的人生观。

2/11

2 NOVEMBER

有人在期待着你的成长。

有人在期待着你的慈爱。

有人在期待着你的胜利。

3/11

3 NOVEMBER

“啊呀，她竟然那么漂亮！”——

心里嫉妒，也无可奈何。

应当让自己变得更有魅力。

不管他人怎样，环境、状况如何，

自己要成长起来，

给他人带来影响。

这才是“创价”，

即“创造价值”的人生态度。

4/11

4 NOVEMBER

恩师户田先生曾经说过：

“女性要经常持有勇敢努力工作的生命力。”

“年轻是从生命力中涌现出来的。”

有的人年纪轻轻，却给人以年老的感觉。

有的人不论上到多大年纪，仍然朝气蓬勃，熠熠生辉。

其差别就在“生命力”。

5/11

5 NOVEMBER

能让孩子动心的，

不是话语，

而是心。

这颗心如不真诚，

如不彻底，

就不会感动对方的心。

6/11

6 NOVEMBER

不要气馁，

也不要哭泣。

如要哭泣，

那就为援助友人和他人的人生而流泪吧！

7/11

7 NOVEMBER

四十岁以后是女性成败的关键。

在此以前，

要不骄不躁、扎扎实实地巩固坚实的幸福的基础。

8/11

8 NOVEMBER

父亲严厉斥责儿子，

有时只会引起反感。

母亲斥责儿子，

一般认为，

儿子较能接受。

最禁忌的是父母一块儿斥责孩子。

因为这样一来，

孩子就无处可逃了。

9/11

9 NOVEMBER

如果正视宿命，

认识到其本质意义，

那么，

任何宿命都是加深自身人生的考验。

而且不要忘记，

自身与宿命搏斗的姿态，

会成为许多人的镜子。

10
11

10 NOVEMBER

人生中没有笑，

就如同花儿没有绽开。

在任何充满纠葛的社会里，

唯独幽默不要忘记。

11/11

11 NOVEMBER

夫妇关系是家庭人与人关系的基本、主轴和支柱。

夫妇的状况也会给孩子的成长带来重大的影响。

孩子的成长，是夫妇的向上。

孩子的幸福，是夫妇的胜利。

12/11

12 NOVEMBER

想要的东西，很快就可以到手，这不是幸福。

没有苦恼，并不就是幸福。

人受到娇宠，会变得贪婪低贱、心灵贫乏、放肆任性。

即使现在很痛苦，也要看到希望，一步一步地登上劳苦的坡道。

要依靠自己的力量，一点一滴地实现自己的理想。

这样的人才懂得真正的和深刻的喜悦。

而且这里有着作为人的美好人生。

13/11

13 NOVEMBER

现在你们自己应当做什么——

忘记了这一目的的恋爱是邪道。

重要的是，

要互相鼓励，

争取达到目的。

14/11

14 NOVEMBER

孩子一长大，

就会逐渐地从父母身边离开。

而这一离地起飞的重要时刻，

是在小学低年级时期。

在这一时期，

母亲应当全心呵护孩子。

15/11

15 NOVEMBER

直到写完人生的最后篇章，
都要无怨无悔地坚决贯彻自己决定的使命的道路，
坚定地生活及战斗下去。

而且自身要获得胜利的满足。
不是“像 × × 那样”，
而是“像真正的自我那样”生活下去。

16/11

16 NOVEMBER

希望大家永远永远如同太阳，

洋溢着充沛的生命力，

带着爽朗的笑容，

成为被人仰慕和信赖的有良知的人。

17 / 11

17 NOVEMBER

人生不可能尽是一帆风顺。

即使处在身不由己的环境，

希望也能使一切朝着满意的方向转变，

让自己的幸福花园盛开馥郁的花朵。

18/11

18 NOVEMBER

始终努力追随和接近人生之师——

这样的决心会给自己带来无限的成长。

19
11

19 NOVEMBER

人不可能避免生老病死。

在漫长的一生中，

自己和家人当然也会生病。

生病本身并不是什么不幸，

不幸的是屈服于疾病。

20/11

20 NOVEMBER

能运用自身的人生经验，

每天争取新的成长——

这样的人是人生高手。

21 / 11

21 NOVEMBER

父母“争取自身的进步”“追求文化的提高”，

在这样的生命跃动中培育起来的孩子是幸福的。

父母留给孩子的东西，

我认为，

归根结底是把孩子带进这样的氛围。

22/11

22 NOVEMBER

敞开心扉吧!

因为身处众多善人、众多友人、众多前辈之中,

才会发现丰富的自我。

23

11

23 NOVEMBER

有人说：“孩子的笑脸胜过千言万语。”

比起大人们怎么用话语呼吁和平，

更能打动人心的，

是孩子们的笑脸和纯真的童心。

24/11

24 NOVEMBER

生亦欢喜，

死亦欢喜。

无悔无憾地度过充实人生的人，

不会有死的恐怖。

25/11

25 NOVEMBER

经常看到有人哀叹缺乏生的喜悦。

但是，

真正的喜悦不是他人赐予的，

而是自己创造的。

26/11

26 NOVEMBER

每个家庭的状况并不一样。

如果说家庭是夫妇二人合奏的音乐，

那么，

创作的乐曲自然会因家庭而异。

每个家庭都会各自奏出美妙的乐曲——

可以说，

这里也有着社会的和谐与安定。

27
11

27 NOVEMBER

经受劳苦，努力奋斗，喜悦也会倍增。

这是人生的常理。

最初谁都很难如意。

但是，只要不灰心丧气，

继续挑战，越过障碍，

人就会变得满怀信心，

意识到自己有着想象不到的力量。

28/11

28 NOVEMBER

肤浅的人只能谈肤浅的恋爱。

要谈真正的恋爱，

就要认真地培育自己。

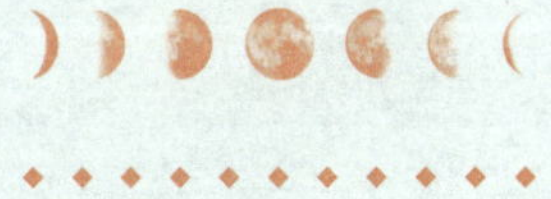

29
11

29 NOVEMBER

大教育家裴斯泰洛齐说过：

“家庭是道德的学校。”

学习知识和技术的地方很多。

但是，能够学到做人的正确生活态度的地方却不多。

家庭就是锻炼人的首要学校。

30/11

30 NOVEMBER

要为友人、为社会勇敢地背负苦恼。

那个人怎样才能振奋起来?

这个人怎样才能鼓起勇气?

——这些大苦恼会把自己的小苦恼全部收纳包容,

并使之升华。

生活记事贴 · ICON ·

购物	约会	月事	运动	旅行	要事

MON.	TUE.	WED.	THUR.	FRI.	SAT.	SUN.

※ 月月手账TIPS：揭下随书附赠的“生活记事贴”不干胶，贴于每一日的日历表格，记录生活点滴。

月月物语

TO MYSELF

月月物语

TO MYSELF

勿等荼蘼花开
池田大作写给女性的 365 日心语
十二月
DECEMBER
374 - 406

1

12

1 DECEMBER

灌注给幼小生命的母爱，是支撑其一生的的动力。

是愚直的母亲也罢。

她有时会失败，有时显得肤浅，有时还感情用事。

但是，她始终在拼命地生活。

刻印在心灵深处的父母的爱和生活态度，如同岩浆一样，

会成为孩子的动力源泉，支撑孩子的一生。

2/12

2 DECEMBER

不是“总有一天”，

而是就在“现在”。

不把这个“现在”的时刻彻底点燃起来，

就不可能有真正的人生。

3/12

3 DECEMBER

炫耀和虚荣只在意“别人怎样看自己”。

所以要粉饰自己，过分地显示自己。

其实这些都是虚幻的。

爱虚荣的人，总是伸长着脊背，好似用脚尖在走路。

所以很累，把生活本身变得很痛苦。

如果放弃虚荣，人生会快乐几百倍。

4/12

4 DECEMBER

勇敢的母亲！你与各种苦恼作斗争，仍然面向前方，

怀着希望，坚定地生活下去。

慈祥的母亲！不管他人说什么，你总是坚信孩子，

保护孩子，像太阳似的照耀着他们。

开朗的母亲！不管别人家的孩子看起来多么美好，

你总是笑着说：“自家的孩子是自己的。”

坚强的母亲！你为他人、为社会四处奔走，

很难有时间照顾自己的家。

但是，你尊贵的背影一直在强有力地牵引着家人。

5/12

5 DECEMBER

战斗到人生最后的最后，

这样的人是美丽的。

岁月的风化在他们身上不起作用。

不，

随着岁月的流逝，

他们反而会更加大放光辉。

6/12

6 DECEMBER

恩师户田先生经常说：

“人生可以与住的房屋、吃的食物、
穿的衣服无关而过得非常快乐。
真正懂得了这一法则，人生将是幸福的。
什么事都不要感情用事！
什么事都不要退缩畏惧！”

这真是精通世事万物的人生秘诀啊！

7/12

7 DECEMBER

最重要的是，在任何情况下都不要以为“自己不行了”。

不要糟蹋自己！

要自己鼓励自己！

要喊着“加把劲！”

自己振奋起自己消沉的心。

你是一个很优秀的人。

不能糟蹋这样优秀的自己。

别人怎么贬低你，那毫无关系。

8/12

8 DECEMBER

为众人尽力效劳——

这样的生活态度会在孩子的心上刻下鲜明的印记，

默默无言地播下种子。

9/12

9 DECEMBER

真正的慈爱，

不是根据对象来决定的。

不管对象怎样，

都要像太阳普照万物那样，

慈爱和包容所有的人。

这是一种心地广阔、坚定不移的境界。

10/12

10 DECEMBER

首先，没有没有爱的母亲。

但是，灌注爱的方式如不正确、不正常或任性，

反而会损伤孩子的人格。

希望能深刻理解孩子的心，

做一名聪明的船夫，

顺着孩子心灵的流动，

加以引导。

11

12

11 DECEMBER

由于接连不断的考验，

感到有点灰心丧气的时候，

不妨仰面朝天，

深深地吸口气试试。

光辉灿烂的太阳的笑脸，

一定会鼓励你。

12/12

12 DECEMBER

孩子每一天都有新的成长和新的进步。

对于父母和教师来说，

这种新的成长和新的进步会成为新的发现和新的感动。

在这样反复不断的过程中，

有着培育儿童和人本主义教育的妙趣。

13/12

13 DECEMBER

“学习是光明”“不学是黑暗”

——坚持学习的人是美丽的，

学习的形象令人感到神清气爽，

可以度过更加深刻的人生。

14/12

14 DECEMBER

不论留下多少财产，

孩子都不一定会因此而幸福，

有时反而会招致不幸。

最大的遗产是父母坚持信念并拼命地坚定生活下去的形象。

15
12

15 DECEMBER

先登眼前的山。

反正登山可以锻炼腿劲。

经过锻炼，

就可以攀登下一座更高的山。

如此反复锻炼。

最后，

攀登上最高山峰的山顶，

就可以看到更加广阔的人生。

16/12

16 DECEMBER

没有完美无缺的母亲。

有缺点也有优点，

所以才是人。

这里有着真正的人性，

所以孩子才可以安心。

母亲也应当有真正的自我。

17

12

17 DECEMBER

结果是重要的。

但是，获得结果的过程，

在某种意义上比结果更加重要。

一个人正在想做什么，

希望和争取什么，

如何为未来而活着——

在这些状态中，

有着任何东西都无法取代的人生跃动，

有着一个人作为人的精髓。

18/12

18 DECEMBER

值得庆幸的是，我从来没有听妻子抱怨过什么。

按妻子的说法是，

现在再抱怨也没有用，于是干脆决心“不抱怨了”。

这样，也就不会变成什么了不起的大事了。

也许正是妻子的这种严于律己，使我获得了很大的支持。

另外，妻子对任何事都不忘感谢之情。

她说：即使看起来是很坏的事，也可以因此而得到锻炼，

获得成长，所以是值得感谢的——

这么一想，怨言就没有了，心情就开朗了。

19

12

19 DECEMBER

懂得感谢的心是美丽的。

要珍视与自己有缘的人——

心中有这样的念想，

就会使人生变得丰富而美丽。

20/12

20 DECEMBER

孩子的心如雪一般洁白。

其人生摇篮期所碰到的环境，

好的或坏的都会以某种方式影响孩子。

母亲每天的行为，

都会作为无可取代的人生财富，

留在孩子的心上，

成为其生活的力量。

21
12

21 DECEMBER

不论在什么领域，只要为实现崇高目标而奋斗，
一切都会是共通的。

要努力，有耐心，不泄气，要战胜自己的软弱——
包括人生所必要的所有一切。

不论做什么，都要贯彻始终。
能够贯彻始终的人是无敌的。

22 / 12

22 DECEMBER

看电视娱乐娱乐也是可以的。

从那里可以学到很多东西。

不过，

电视中的浮华是虚幻的。

为假象所左右，

就不可能有贤明的生活态度。

23
12

23 DECEMBER

很多人有一种错觉，以为结婚就是幸福。

当然，结婚自由。

但是应当知道，

有不少人不顾周围人们的反对，只知沉溺于一己的恋爱之中，

现在正流着后悔的眼泪，感到十分苦恼。

其实，生活在更多的好人、友人和前辈之中，

才会发现自己是幸福的。

24
12

24 DECEMBER

知道冬天的寒冷的人，

才会实际感受到春天的温暖。

痛苦的黑暗愈是深沉，

巨大幸福的早晨愈加明亮。

能把任何命运转变为价值的人——

作为人是胜利者，

是人中之王。

25/12

25 DECEMBER

人生不尽是顺利的时期，

有时会遭遇到意想不到的苦难。

不过，

不管你怎样去哭诉和哀叹命运，

都无济于事。

只有顽强生活的人，

才能抓住真正的幸福。

26/12

26 DECEMBER

母亲光辉的一举一动，

使我们的心明朗快乐。

母亲，

没有上层阶级和下层阶级的区别，

不作任何化妆打扮，

就是一位名角。

27/12

27 DECEMBER

不管怎么过，一天就是一天，一生就是一生。

一碰到什么就说讨厌、无聊、没意思，牢骚满腹。

这样只会吃亏，也毫无价值。

不论去到哪里，都要在那里创造乐趣，开拓成长和喜悦的道路。

重要的是，要始终掌握好自己心灵的舵，

朝着这样的方向前进。

28/12

28 DECEMBER

人生跟着谁、和谁一起走，

重大地决定自己的一生。

有阴谋诡计的当权者，

有恶魔般爱虚荣的人，

有贪婪狡猾的人。

绝不能受他们的骗。

要多交良友，莫接近坏人！

29/12

29 DECEMBER

母亲要满怀信心、生气勃勃地在人生的道路上前进。

要朝着希望，

快乐地成长。

这样一种光辉的形象，

会给孩子带来生活的动力，

成为开发孩子优秀潜能的大地。

30/12

30 DECEMBER

创造新世纪的，

是青年的热情和力量。

而唤起这种热情和力量的太阳，

是勇敢的母亲坚持不懈的行动。

31/12

31 DECEMBER

除夕

祈求全人类幸福

生活记事贴 · ICON ·

购物	约会	月事	运动	旅行	要事

MON.	TUE.	WED.	THUR.	FRI.	SAT.	SUN.

※ 月月手账TIPS：揭下随书附赠的“生活记事贴”不干胶，贴于每一日的日历表格，记录生活点滴。

月 月 物 语

TO MYSELF

这一年，我的生活点滴

项目	购物	约会	月事	运动	旅行	要事
次数						

TO MYSELF

下一年，期待遇见更好的自己

TO MYSELF

池田大作

1928年1月出生于东京。创价学会名誉会长、国际创价学会(SGI)会长。创立创价大学,美国创价大学,创价学园,池田和平、教育对话中心,民主音乐协会,东京富士美术馆,东洋哲学研究所和户田纪念和平研究所等。与世界各国众多有识之士进行对话,推进和平、文化、教育运动。获联合国和平奖以及世界许多城市的名誉市民、“世界桂冠诗人”等称号。

为莫斯科大学、格拉斯哥大学等名誉博士,北京大学等名誉教授。主要著作有《人性革命》(全12卷)。对谈集有《展望21世纪》(与A.汤因比)、《人性革命与人的条件》(与A.马尔罗)、《20世纪的精神教训》(与M.戈尔巴乔夫)和《地球对谈——迈向女性辉耀的世纪》(与H.亨德森)等。